ЖОРЖ ЛЕМЕТР

Теорія великого вибуху і походження нашого Всесвіту

ЖОРЖ ЛЕМЕТР

Теорія великого вибуху і походження нашого Всесвіту

написаний Pauline Landa
перекладено Yaroslav Melnik

ЖОРЖ ЛЕМЕТР — 4

Ключова інформація — 4

Вступ — 4

КОНТЕКСТ — 6

Унікальна модель для Всесвіту? — 6

Всесвіт був створений не за сім днів — 7

ЖИТТЯ ЛЕМЕТРА — 9

Великий інтерес до науки — 9

Інтелектуально-духовний шлях — 9

Освітні подорожі — 10

Одна людина, два покликання — 11

ТЕОРІЇ ЛЕМЕТРА — 13

Внесок Ейнштейна і Фрідмана — 13

Теорія розширення Всесвіту (1927) — 14

Гіпотеза про первинний атом (1931) — 15

Решта його роботи — 17

Хронологія Великого Вибуху — 18

ВПЛИВ — 20

Рецепція в науковому середовищі: між спадкоємністю та критикою — 20

Рецепція теорій Лемотра у світі — 21

Що залишилося від теорії Великого вибуху? — 22

РЕЗЮМЕ — 24

ЧИТАТИ ДАЛІ — 25

Бібліографія — 25

Додаткові джерела — 25

Іконографічні джерела — 25

ЖОРЖ ЛЕМЕТР

КЛЮЧОВА ІНФОРМАЦІЯ

- **Народився:** 17 липня 1894 р. у м. Шарлеруа, Бельгія.

- **Помер:** 20 червня 1966 р. в м. Левен, Бельгія.

- **Основні досягнення:** різні теорії, які дозволили досягти прогресу в дослідженнях Всесвіту та його походження, такі як теорія розширення Всесвіту (1927 р.) та первісного атома (1931 р.).

- **Вплив його досліджень:** теорія Великого Вибуху нині є загальноприйнятою і призвела до створення нового напряму досліджень – сучасної космології.

ВСТУП

Людина завжди прагнула зрозуміти світ і, відповідно, Всесвіт, що її оточує. Протягом століть, залежно від звичаїв кожного періоду, виникали різні теорії, які породжували уявлення про Всесвіт, що не завжди узгоджувалися з релігійними та політичними авторитетами. За часів Галілея (італійський астроном і фізик, 1564-1642), засудженого церквою за свої праці про геліоцентризм, ніхто не міг подумати, що саме бельгійський священик Жорж Леметр буде відповідальним за теорію Великого вибуху, яка досі є широко прийнятою.

Його "гіпотеза первісного атома", висунута в 1931 році, датує походження Всесвіту 13,7 мільярдів років тому.

Леметр припускав, що Всесвіт тоді був стиснутий в один атом – частина теорії, яка зараз спростована – що космічний удар дозволив йому розпастися на велику кількість електронів, фотонів і т.д., таким чином давши початок Всесвіту, яким ми його знаємо сьогодні. таким чином, давши початок Всесвіту, яким ми його знаємо сьогодні. Леметр був піонером у цьому питанні, особливо з огляду на те, що інші вчені його часу були переконані, що Всесвіт існував завжди, а тому безглуздо намагатися знайти його початки. Однак після публікації його дослідження всі вони були змушені переглянути свої позиції і прийняти цю нову теорію, яка глибоко вплинула на космологію і фізику у 20-му і 21-му століттях.

КОНТЕКСТ

УНІКАЛЬНА МОДЕЛЬ ДЛЯ ВСЕСВІТУ?

Неможливо говорити про Жоржа Леметра, не згадавши спочатку одного з найвидатніших вчених [20-го] століття Альберта Ейнштейна (1879-1955). Саме завдяки його теорії загальної відносності (1915) Леметр розвинув свою гіпотезу про первинний атом. До періоду "все відносно" вчені, починаючи з античних часів, намагалися зрозуміти навколишній світ, пропонуючи модель Всесвіту, здатну його пояснити.

За часів Аристотеля (грецький філософ, 384-322 рр. до н.е.) та Птолемея (грецький астроном, близько 100-170 рр. н.е.) панівною була геоцентрична модель, згідно з якою Земля знаходилася в центрі Всесвіту, і це триватиме до 16-го століття. У цей час модель була поставлена під сумнів такими вченими, як Джордано Бруно (італійський філософ, 1548-1600) та Галілео на користь геліоцентризму, що призвело до протистояння з релігійною владою. Перший був спалений на вогнищі, другий засуджений церквою. Однак їхні ідеї циркулювали в науковому середовищі і регулярно давали поживу для дискусій.

Зрештою, саме Альберт Ейнштейн, майже три століття потому, звільнив дослідників від цього пошуку унікальної моделі, оскільки, на його думку, не було необхідності надавати перевагу одній моделі над іншою. Фактично, кожна модель ґрунтується на узгодженій системі відліку, і тому немає необхідності обирати лише одну з них, оскільки вона не буде більш або менш обґрунтованою, ніж інша. На його думку, жодна унікальна модель не може охопити весь всесвіт.

У 1927 році Леметр, який був дуже зацікавлений цими роботами з теорії відносності, розвинув розрахунки Ейнштейна у своїй статті "Однорідний всесвіт постійної маси і зростаючого радіуса, що враховує радіальну швидкість позагалактичних туманностей", і описав всесвіт, який розширюється і щільність речовини якого прагне до мінус нескінченності в міру того, як ми заглядаємо все далі в минуле. Однак його теорія Всесвіту, що розширюється, не була особливо добре сприйнята вченими того часу, і навіть Ейнштейн назвав її жахливою. Лише у 1929 році, завдяки американському астроному Едвіну Хабблу (1889-1953) та його однойменному закону Хаббла, ця ідея розширення буде прийнята всією науковою спільнотою.

ВСЕСВІТ БУВ СТВОРЕНИЙ НЕ ЗА СІМ ДНІВ

В той час як сьогодні ми цінуємо точність датування походження Всесвіту, за часів Леметра цього не можна було сказати про космологію. Фактично, на початку 20-го століття все ще було заборонено згадувати в космології метафізичні поняття, які зазвичай диктувалися релігією, такі як цілісність, час, початок тощо. Великі космологи того часу, включаючи Ейнштейна, відмовлялися вірити в те, що існував точний момент, в який з'явився Всесвіт. Тому Леметр був першим, хто згадав про ідею походження Всесвіту після того, як прочитав статтю Артура Еддінгтона (британський астроном і фізик, 1882-1944) про кінець світу.

Починаючи з припущення, що існує постійна енергія, яка розподілена квантами (мінімальними кількостями енергії) по всьому Всесвіту і що кількість квантів завжди збільшується, якщо ми розглянемо історію Всесвіту, ми повинні мати можливість простежити все меншу кількість квантів аж до моменту, коли ми дійдемо до унікального кванта, в якому був зосереджений весь Всесвіт. Саме так у 1931 році була висунута гіпотеза про первинний атом, теорія, яка досі є загальноприйнятою і тепер відома як теорія Великого вибуху.

 # Ви знали?

Жорж Леметр не винайшов термін "Великий вибух", який прижився. Насправді цей вираз придумав один з його критиків, британський астроном Фред Хойл (1915-2001). Під час інтерв'ю на радіо BBC у 1950 році він іронічно використав слова "Великий вибух" для опису гіпотези Леметра про первинний атом, і цей термін, який є більш доступним для широкого загалу, залишився асоціюватися з теорією.

ЖИТТЯ ЛЕМЕТРА

ВЕЛИКИЙ ІНТЕРЕС ДО НАУКИ

Жорж Леметр народився в католицькій родині середнього класу в Шарлеруа, Бельгія, 17 липня 1894 року і був старшою дитиною Жозефа Леметра, академіка і директора заводу скла і мармуру, і Маргарити Ланнуа, дочки пивовара. Жоден аспект його сімейного оточення не налаштовував його ні на вступ до духовенства, ні на те, щоб присвятити своє життя математиці та фізиці.

Освіту здобув у міській християнській школі разом зі своїми братами. У 1904 році почав вивчати класичні науки в єзуїтському коледжі Сакре-Кер, де вперше побачив можливість примирення віри і науки. Змалку він мав успіхи в математиці, фізиці та хімії. Коли йому було лише дев'ять років, він вже вирішив, що хоче присвятити своє життя в рівній мірі науці і Богу. У 1910 році його сім'я переїхала до Брюсселя, і Леметр продовжив навчання в коледжі Сен-Мішель, де проходив підготовчі курси для подальшого навчання. На прохання батька він склав вступний іспит на інженера і вирішив залишити священство на потім.

ІНТЕЛЕКТУАЛЬНО-ДУХОВНИЙ ШЛЯХ

У віці 17 років почав вивчати інженерну справу в Левенському католицькому університеті, але навчання було перервано Першою світовою війною (1914-1918 рр.). Невдовзі після початку війни вступив добровольцем до артилерії. Він отримав Бельгійський військовий хрест за свої зусилля під час битви при Ісері. Цей складний досвід посилить його потребу узгодити своє релігійне та наукове покликання.

Восени 1919 року він повернувся до університету і залишив навчання на інженерному факультеті, щоб зайнятися новим предметом: фізикою і математикою. У 1920 році він отримав ступінь доктора математики і ступінь бакалавра з томістичної філософії (тобто філософії, натхненної творами Томи Аквінського). Того ж року він повернувся до семінарії в Малінесі. Захопившись теорією відносності Ейнштейна, яка, однак, не була широко вивчена в Бельгії, Леметр одночасно підготував дисертацію про відносність і гравітацію з метою виграти стипендію для подорожей. Через три роки він був висвячений на священика і отримав стипендію від бельгійського уряду для навчання за кордоном.

ОСВІТНІ ПОДОРОЖІ

Молодий священик вирушив до Кембриджу (Англія), де вивчав астрономію під керівництвом відомого астрофізика Артура Стенлі Еддінгтона, яким дуже захоплювався. Потім він перетнув Атлантику і вступив до обсерваторії Гарвардського коледжу, щоб разом з Харлоу Шеплі (американський астрофізик, 1885-1972) працювати над туманностями (тьмяними, статичними міжзоряними хмарами). Нарешті, він вступив до Массачусетського технологічного інституту (MIT), щоб почати писати дисертацію про гравітаційні поля в рідинах в загальній теорії відносності.

Під час навчання Леметру пощастило бути частиною дуже активного інтелектуального середовища і познайомитися з багатьма ключовими фігурами сучасної фізики. Повернувшись до Бельгії влітку 1925 року, він працював викладачем на природничому факультеті Левенського католицького університету, але продовжував часто їздити до Англії та Сполучених Штатів для участі в конференціях або для роботи над своїми науковими проектами. У 1927 році Массачусетський технологічний інститут прийняв його дисертацію і присудив йому ступінь доктора фізики. Того ж року Льовенський університет призначив його професором, на цій посаді він пропрацював до 1964 року.

ОДНА ЛЮДИНА, ДВА ПОКЛИКАННЯ

Протягом усього свого життя Леметр присвятив себе католицькій вірі і науці. Ці два покликання можуть здаватися несумісними, але для нього було цілком можливо проводити дослідження про початок Всесвіту, не ставлячи під сумнів свою католицьку віру. У той час як його гіпотеза первісного атома намагалася пояснити початок розширення Всесвіту, космологія повинна була залишити місце для релігії, щоб пояснити створення світу. Для нього це були дві незалежні одна від одної істини. Однак його спільна наукова і релігійна освіта призвела б до підозри і неприйняття з боку частини наукової спільноти. Тим не менш, ніхто не міг заперечити якість його досліджень або його прагнення до "подвійної концепції" істини, в якій релігія і наука були розділені і націлені на різні рівні розуміння: він таким чином розрізняв походження, яке є фізичним поняттям, і створення, яке є філософським поняттям.

Неймовірно обдарований математик, Леметр завжди потребував підкріплення теорії спостереженнями. Таким чином, він не задовольнявся простим конструюванням обґрунтованих гіпотез, а перевіряв їх основу за допомогою експериментів. Ця риса характеру відрізняла його від інших вчених свого часу і дозволила йому досягти значних успіхів у своїх дослідженнях.

Леметр помер від лейкемії 20 червня 1966 року в Льовені, дізнавшись кількома днями раніше, що спостереження космічного фонового випромінювання щойно точно підтвердили, що Всесвіт почався з вибуху, який він вже припускав у своїй теорії 30 років тому.

ТЕОРІЇ ЛЕМЕТРА

ВНЕСОК ЕЙНШТЕЙНА І ФРІДМАНА

Хоча Леметр є беззаперечним батьком теорії Великого Вибуху, два інших вчених також відіграли ключову роль у розвитку цієї теорії, яка зробила революцію в сучасній космології. Дослідження Леметра, по суті, відбувалися в дуже точному науковому контексті.

Ейнштейн був першим, хто проклав шлях своєю теорією загальної відносності (1915), яка була новою теорією гравітації. Згідно з його теорією, гравітаційні сили між об'єктами – це те, що надає Всесвіту його структуру. Ейнштейн також написав рівняння, що визначають фізичні та геометричні властивості Всесвіту, який він вважав статичним (це означає, що загальний розмір Всесвіту не змінюється з часом). Ці рівняння дозволили визначити, як змінюється простір у часі, виходячи з кількості матерії та енергії, яка змінюється всередині нього.

Російський фізик і математик Олександр Фрідман (1888-1925) знайшов розв'язки цих рівнянь, які описували зміну простору в часі. Він теоретично припустив, що, можливо, Всесвіт виник з сингулярності, і що, як наслідок, врешті-решт, настане кінець Всесвіту. Фрідман також оцінював вік Всесвіту в 10 мільярдів років. Однак у 1920-х роках загальноприйняті наукові оцінки не перевищували одного мільярда.

Познайомившись з теоріями Ейнштейна під час навчання в Кембриджі, Леметр також зацікавився рівняннями німецького фізика і зробив свій внесок у нову космологію, яка створювалася і була відома як релятивістська космологія.

 ## Ви знали?

Леметр був не єдиним, хто розглядав ідею розширення Всесвіту. У 1922 і 1924 роках Фрідман опублікував дві тези, в яких висунув свою гіпотезу розширення. Але його роботи не отримали достатнього розголосу. Леметр отримав доступ до цих статей лише в 1927 році, в той самий час, коли він опублікував власну теорію розширення Всесвіту. Таким чином, можна сказати, що обидва вчені прийшли до ідеї розширення незалежно один від одного.

ТЕОРІЯ РОЗШИРЕННЯ ВСЕСВІТУ (1927)

Бельгійський дослідник зумів, незалежно від Фрідмана, розв'язати рівняння, запропоновані Ейнштейном, і знайшов нестатичні космологічні рішення. Він пов'язав силу космічного відштовхування, яка змушує частинки у Всесвіті з часом розходитися, з космологічною сталою, присутньою в рівнянні Ейнштейна. Він також мав сміливість розглянути спостереження, зроблені американцями в той час щодо швидкості туманностей, які довели, що Всесвіт дійсно розширюється.

Так, у 1927 році Леметр опублікував свою ключову статтю "Однорідний всесвіт постійної маси і зростаючого радіуса, що пояснює радіальну швидкість позагалактичних туманностей". Ця не надихаюча назва (принаймні для неспеціалістів) вказувала на те, що він встановив зв'язок між розширенням Всесвіту і спостереженнями за швидкістю туманностей. У статті Леметр описав Всесвіт, що розширюється, який, йдучи досить далеко в минуле, нагадував статичний Всесвіт Ейнштейна. Оскільки ця теорія ґрунтувалася на спостереженнях, вона була представлена як розв'язок рівнянь Ейнштейна. Однак стаття Леметра не мала такого успіху, як мала б, оскільки сам Ейнштейн не був переконаний у правильності своєї теорії. Лише в 1930 році Еддінгтон зрозумів значення роботи свого колишнього учня. Більше того, саме завдяки йому ідея Всесвіту, що розширюється, набула широкого розповсюдження.

ГІПОТЕЗА ПРО ПЕРВИННИЙ АТОМ (1931)

Як продовження цієї ідеї про розширення Всесвіту, Леметр висунув ідею про те, що на початку всесвіт повинен був бути набагато щільнішим. Оскільки з часом всесвіт просто розширюється, то, якщо ми підемо досить далеко назад, всесвіт повинен був бути все менш і менш об'ємним: саме це привело його до роздумів про походження всесвіту. На його думку, розширення Всесвіту повинно було початися з сингулярного початкового стану – первісного атома. У своїй статті "Розширення Всесвіту", опублікованій у 1931 році, він розвинув цю ідею, знову ж таки на основі спостережень.

Він вважав, що саме існування туманностей означає, що Всесвіт раніше зазнав процесів стиснення. Таким чином, за створенням світу стояли дві протилежні космічні сили: гравітація, яка притягує, і космологічна стала, яка відштовхує. Він припустив, що еволюція Всесвіту відбувається в три фази:

- Перша полягала у швидкому, вибухоподібному розширенні після розпаду первісного атома.

- Другий — період уповільнення, під час якого густина матерії і космологічна стала врівноважилися. Під час цієї фази сформувалися великі структури Всесвіту, такі як зірки, галактики і скупчення.

- Ці утворення покликані порушити рівновагу і привести до завершальної фази – другого стрімкого розширення.

Ця гіпотеза первісного атома не задовольняла ні Ейнштейна, ні Еддінгтона, оскільки, на їхню думку, говорити про походження Всесвіту було немислимо, оскільки він був статичним. Леметру доведеться переконати цих провідних вчених. За допомогою останніх досягнень квантової механіки бельгійський священик вирішив пояснити походження Всесвіту за допомогою квантової теорії. Він зосередився на двох принципах термодинаміки (розділ фізики, що вивчає системи, в яких відбувається зміна кількості тепла з часом):

- енергія існує у вигляді окремих квантів, а загальна кількість енергії залишається сталою;

- кількість квантів безперервно зростає.

Якщо ми повернемося назад у часі, то знайдемо менше квантів, які, тим не менш, містять всю енергію Всесвіту, і врешті-решт дійдемо до одного кванта з надзвичайно сконцентрованою кількістю енергії – первісного атома. Новаторська ідея Леметра полягала в тому, щоб зв'язати нескінченно велике (Всесвіт) з нескінченно малим (атомом).

Хоча ідея Леметра, яка має на меті пояснити розширення Всесвіту внаслідок початкового вибуху, все ще широко прийнята, його теорія про те, що весь Всесвіт спочатку містився в одному атомі, який розпався, зараз ставиться під сумнів. Фізики зараз більше схиляються до того, що існувала свого роду хмара елементарних частинок (кварків і лептонів), яка поступово конденсувалася, вивільняючи енергію і надаючи Всесвіту початковий імпульс. Вони визнають існування космічного мікрохвильового фону, сліду початкового вибуху, але вважають, що він походить від електромагнітної хвилі, а не, як вважав Леметр, від сліду частинок, що утворилися внаслідок розпаду початкового атома.

РЕШТА ЙОГО РОБОТИ

Після публікації двох своїх теорій, які разом сформують те, що зараз прийнято називати теорією Великого Вибуху, Леметр продовжив свої космологічні дослідження. Деякі з його оцінок пізніше були підтверджені вченими. Він створив теорію про чорні діри та енергію вакууму, а також висунув гіпотезу про те, що Всесвіт має додаткові виміри.

Після Другої світової війни (1939-1945) Леметр поступово відійшов від міжнародних досліджень, обмеживши свої подорожі. Він також відмовився від досліджень з космології заради іншої сфери, яку особливо любив і в якій був особливо талановитим: чисельного аналізу.

Незважаючи на важливість інших його праць, він залишається відомим насамперед за те, що стоїть за релятивістською космологією, яка характеризується трьома основними принципами:

- Всесвіт розширюється;

- всесвіт мав початок;

- квантова фізика (наука про нескінченно мале) та астрономія (наука про нескінченно велике) пов'язані між собою у розумінні Всесвіту.

 Ви знали?

Хоча його внесок у релятивістську космологію сьогодні вже не може бути оскаржений, Леметр довгі роки залишався поза увагою. Насправді, багато наукових енциклопедій навіть не згадують ім'я священика, або применшують вплив його роботи. Його початкова освіта в галузі математики та релігійні зобов'язання, можливо, не зіграли йому на користь.

ХРОНОЛОГІЯ ВЕЛИКОГО ВИБУХУ

З часу написання статей Леметра вчені переглянули і скоригували його концепцію теорії Великого Вибуху. Сучасний стан знань про походження Всесвіту виглядає наступним чином.

Всесвіт виник 13,7 мільярдів років тому в надзвичайно гарячому середовищі, при температурі близько 1032 Кельвіна (приблизно 758°C). Тоді Всесвіт складався лише з фотонів, елементарних частинок та їх античастинок. Після початкового космічного поштовху – знаменитого Великого вибуху – частинки і античастинки розпалися, залишивши невеликий надлишок матерії, який призвів до створення Всесвіту. У перші три хвилини завдяки наявності кварків (елементарних частинок) утворилися протони і нейтрони. Знадобилося б 380 000 років, щоб Всесвіт знову охолов. Саме тоді з речовини вивільнилося світло, яке вчені називають космічними мікрохвилями. Після гравітаційних колапсів хмар пилу утворилися галактики. Нарешті, народилися зірки, оточені планетами.

 # Ви знали?

Ці космічні мікрохвилі можна спостерігати як фонове випромінювання і сьогодні, і вони є рудиментом початку Всесвіту. Американські фізики Роберт Вілсон (1936-2002) та Арно Пензіас (1933 р.н.) були першими, хто спостерігав цей космічний мікрохвильовий фон у 1965 році. Це відкриття було настільки ж вдалим, наскільки й випадковим: фізики працювали над створенням нового типу телефонної антени. Їхні знахідки змусили критиків теорії Великого вибуху змінити свою думку і підтримати її.

Після Жоржа Леметра фізики знайшли рівняння, які дозволили їм описати Всесвіт всього через 10-43 секунди після його початку. Період, що розділяв гіпотетичний "часовий нуль" і 10-43 секунди потому, називається епохою Планка, на честь Макса Планка (німецький фізик, 1858-1947), і не може бути пояснений сучасними теоріями, оскільки поняття простору і часу ще не були визначені. Ми нічого не знаємо про той час.

ВПЛИВ

РЕЦЕПЦІЯ В НАУКОВОМУ СЕРЕДОВИЩІ: МІЖ СПАДКОЄМНІСТЮ ТА КРИТИКОЮ

Теорія Великого Вибуху з'явилася в період космологічної кризи в науковому співтоваристві щодо його уявлень про космос. Висновки Леметра, зроблені за допомогою вчених-релятивістів, призвели до того, що стало практично науковою революцією, яка, тим не менш, викликала певну критику, оскільки запропонувала абсолютно новий спосіб сприйняття Всесвіту.

Навіть авторитети Леметра, Ейнштейн і Еддінгтон, сумнівалися в його теорії розширення. Ейнштейну знадобилося 10 років, щоб прийняти ідею еволюції Всесвіту, але він ніколи не погодиться з гіпотезою первісного атома, оскільки, на його думку, бельгійський священик був натхненний біблійною історією створення світу, що є неприйнятним для наукової теорії. У 1940-х роках теорія була навіть дискредитована, оскільки не була підтверджена жодними спостереженнями. Через брак доказів, вона зазнала конкуренції з боку двох нових теорій: відродження ньютонівської космології та теорії стаціонарного стану.

Знадобилося 30 років, щоб більшість наукової спільноти визнала внесок Леметра в сучасну космологію. Саме завдяки Джорджу Гамову (російсько-американський фізик,

1904-1968) теорія Великого вибуху стала відомою. Він був плідним автором і жваво цікавився астрономією, зокрема еволюцією зірок. У тексті, написаному в 1948 році, він розробив модель Всесвіту, в якій домінували тепло і випромінювання. Гамов погодився з твердженнями Леметра про надзвичайно щільне походження Всесвіту і додав, що він також був надзвичайно гарячим у той період. Поняття температури дозволило встановити ключовий зв'язок між космологією та фізикою частинок високих енергій. Він заявив, що всі елементи у Всесвіті були створені під час перших, дуже гарячих фаз його розширення. За допомогою своїх співробітників Гамов розрахував, що в більш пізню епоху, коли температура охолола, Всесвіт став прозорим і вивільнилося випромінювання, яке можна виявити і сьогодні: це космічний мікрохвильовий фон.

Згодом, зокрема, завдяки вдосконаленню астрофізичних приладів, наступні покоління вчених змогли знайти дані, які підтвердили моделі Леметра і Фрідмана. З лютого 2003 року зонд мікрохвильової анізотропії Вілкінсона дозволив з великою точністю обчислити вік та енергетичний вміст Всесвіту. Таким чином, модель Леметра більше не може бути піддана сумніву в рамках наших нинішніх знань.

РЕЦЕПЦІЯ ТЕОРІЙ ЛЕМОТРА У СВІТІ

1930-ті роки були часом різних криз після Великої депресії (1929 р.), що призвело до того, що американські ЗМІ почали проявляти більший інтерес до космологічних відкриттів, сприймаючи їх як спосіб відволікти деморалізовану аудиторію. Таким чином, Леметр став відомим у 1932 році, коли преса поставила його в опозицію до Ейнштейна. Однак дуже скоро він буде забутий широкою громадськістю, а досягнення Леметра будуть неправомірно приписані іншим вченим. Але він не шукав слави, і був відомий своєю скромністю в публічній сфері.

ЩО ЗАЛИШИЛОСЯ ВІД ТЕОРІЇ ВЕЛИКОГО ВИБУХУ?

Теорія Великого Вибуху в тому вигляді, в якому її задумав Леметр, і досі є загальноприйнятою. Вона становить саму основу нашої сучасної космології, нашого способу сприйняття і розуміння Всесвіту. Завдяки йому з'явилася можливість поєднати наукові дослідження з релігійною думкою. Походження світу, таким чином, стало науковою теорією, незалежною від будь-яких релігійних переконань.

Хоча сьогодні ім'я теорії замінило ім'я її винахідника, Леметр, тим не менш, все ще широко відомий у науковій спільноті. Його ім'я носить астероїд (1565) з часу його відкриття бельгійським астрофізиком у 1948 році, а Католицький університет Льовена вшанував його пам'ять, назвавши на його честь аудиторію, а також свій інститут астрономії і геофізики. Нещодавно Європейське космічне агентство зробило те ж саме для свого новітнього автоматичного транспортного корабля, який воно відправило в космос 30 липня 2014 року.

👁 Ви знали?

Відомий американський серіал *"Теорія великого вибуху"*, що стартував у 2007 році, розповідає про життя чотирьох фізиків-дослідників. Дія серіалу розгортається у США, в Пасадені, тому самому місті, де Леметр кілька разів зустрічався з Ейнштейном у Каліфорнійському технологічному інституті.

- 23 -

РЕЗЮМЕ

- Заснувавши новий спосіб сприйняття Всесвіту, Альберт Ейнштейн, Олександр Фрідман та Жорж Леметр здійснили справжню наукову революцію.

- Леметру належать три ідеї нової або релятивістської космології: що Всесвіт мав початок, що він безперервно розширюється і що квантова фізика (наука про нескінченно мале) і астрономія (наука про нескінченно велике) пов'язані в розумінні Всесвіту.

- Теорія розширення Всесвіту і гіпотеза про первинний атом сьогодні відомі як теорія Великого вибуху.

- Походження Всесвіту мало три фази: вибуховий космічний поштовх, який уможливив швидке розширення, за яким слідував тривалий період охолодження, під час якого Всесвіт продовжував розширюватися, після чого відбулося друге швидке розширення.

- Незважаючи на критику, ідеї Леметра були підтверджені відкриттям космічного мікрохвильового фону в 1965 році, який вже був передбачений Гамовим.

ЧИТАТИ ДАЛІ

БІБЛІОГРАФІЯ

Engel, V. (2013) *Le prêtre et le Big Bang*. Paris: JC Lattès.

Ламберт, Д. (2016) *Атом Всесвіту: Життя і творчість Жоржа Леметра*. Краків: Видавництво Центру Коперника.

Люміне, Ж.-П. (2004) *Винахід Великого вибуху*. Paris: Seuil.

Robredo, J.-F. (2011) *Les metamorphoses du ciel : de Giordano Bruno à l'Abbé Lemaître*.

Лувенський католицький університет (без дати) *Жорж Лемотр*. [Онлайн]. [Доступно 3 травня 2015]. Режим доступу: < https://www.uclouvain.be/316446.html>.

ДОДАТКОВІ ДЖЕРЕЛА

Фаррелл, Дж. (2006) *День без вчорашнього дня: Леметр, Ейнштейн і народження сучасної космології*. Нью-Йорк: Basic Books.

Трасанкос, С. (2016) *Частинки віри: Католицький путівник по науці*. Індіана: Ave Maria Press.

ІКОНОГРАФІЧНІ ДЖЕРЕЛА

Портрет Галілея художника Юстуса Сустерманса. Репродукція картини без роялті.

Фотографія Леметра в Левенському католицькому університеті. Роялті-фри репродукція картини.

Портрет Альберта Ейнштейна 1947 року. Роялті-фри репродукція картини.

Портрет Олександра Фрідмана. Роялті вільна репродукція картини.

Фотографія Макса Планка, зроблена в 1933 році. Репродукція фотографії без авторських прав.

Враження художника про зонд мікрохвильової анізотропії Вілкінсона. Безоплатна репродукція картини.

IMPROVE YOUR GENERAL KNOWLEDGE
IN THE BLINK OF AN EYE!

www.50minutes.com

Майстер ISBN: 9782808601214
Паперовий ISBN: 9782808602662
Юридичний депозит: D/2022/12603/267

Цифровий дизайн: Primento,
цифровий партнер видавництва.

www.ingramcontent.com/pod-product-compliance
Lightning Source LLC
LaVergne TN
LVHW010259210726

843508LV00020B/2947